U0155672

手绘星球全景图鉴

天空上面有什么

［英］安妮塔·加纳利 ［英］凯特·佩蒂◎著 ［英］杰克·伍德◎绘 杨文娟◎译

哈尔滨出版社
H.P.H
HARBIN PUBLISHING HOUSE

黑版贸审字 08-2020-037 号

图书在版编目（CIP）数据

天空上面有什么 / (英) 安妮塔·加纳利, (英) 凯特·佩蒂著；(英) 杰克·伍德绘；杨文娟译. — 哈尔滨：哈尔滨出版社, 2020.11
（手绘星球全景图鉴）
ISBN 978-7-5484-5439-7

Ⅰ.①天… Ⅱ.①安… ②凯… ③杰… ④杨… Ⅲ.①大气现象 – 儿童读物 Ⅳ.①P427-49

中国版本图书馆CIP数据核字(2020)第141863号

书　　名：手绘星球全景图鉴. 天空上面有什么
SHOUHUI XINGQIU QUANJING TUJIAN. TIANKONG SHANGMIAN YOU SHENME

作　者：[英]安妮塔·加纳利　[英]凯特·佩蒂　著　[英]杰克·伍德　绘　杨文娟　译
责任编辑：杨泡新　赵　芳　　　责任审校：李　战
特约编辑：李静怡　　　　　　　美术设计：官　兰

出版发行：哈尔滨出版社（Harbin Publishing House）
社　　址：哈尔滨市松北区世坤路738号9号楼　　邮编：150028
经　　销：全国新华书店
印　　刷：深圳市彩美印刷有限公司
网　　址：www.hrbcbs.com　　www.mifengniao.com
E-mail：hrbcbs@yeah.net
编辑版权热线：（0451）87900271　87900272
销售热线：（0451）87900202　87900203

开　本：889mm×1194mm　1/16　印张：14　字数：70千字
版　次：2020年11月第1版
印　次：2020年11月第1次印刷
书　号：ISBN 978-7-5484-5439-7
定　价：124.00元（全7册）

凡购本社图书发现印装错误，请与本社印制部联系调换。
服务热线：（0451）87900278

目 录

我们上方的空气

哈里和拉夫往热气球的吊篮里装了好几罐燃料。今天,他们想升上高空去探索天空。

在地球周围有一层叫作大气层的气体。没有大气层的话,我们将没有可以呼吸的空气,也没有能抵挡太阳热量的屏障。

地球

大气层

太空

升　空

火焰喷发，气球内的热气"拖"着他们离开了地面。

他们飞向天空，越过房屋……

越过树木……

飞过城镇……

越过山坡和高山。

随着热气球上升，空气逐渐变得稀薄。

拉夫带了个氧气包，以防呼吸困难。

呵，上面好冷！

我看上去怎么样？

高空很冷，还好哈里备了很多毯子。哈里和拉夫乘坐的热气球已经飞到最高了，可他们还处在大气层的最底层——对流层。对流层从地球表面向上伸展，高达 18 千米。

远离天气影响

哈里和拉夫处在地面上方大约 4 千米处。他们的热气球被风吹得左摇右摆。黑暗的暴风云正在向他们逼近。哈里希望他们可以飞得更高，到达平流层。平流层在云层之上，他们就可以不受天气影响了。

上面那儿还有一个热气球。

那是一个气象气球，可以飞得很高，里面没有人乘坐。

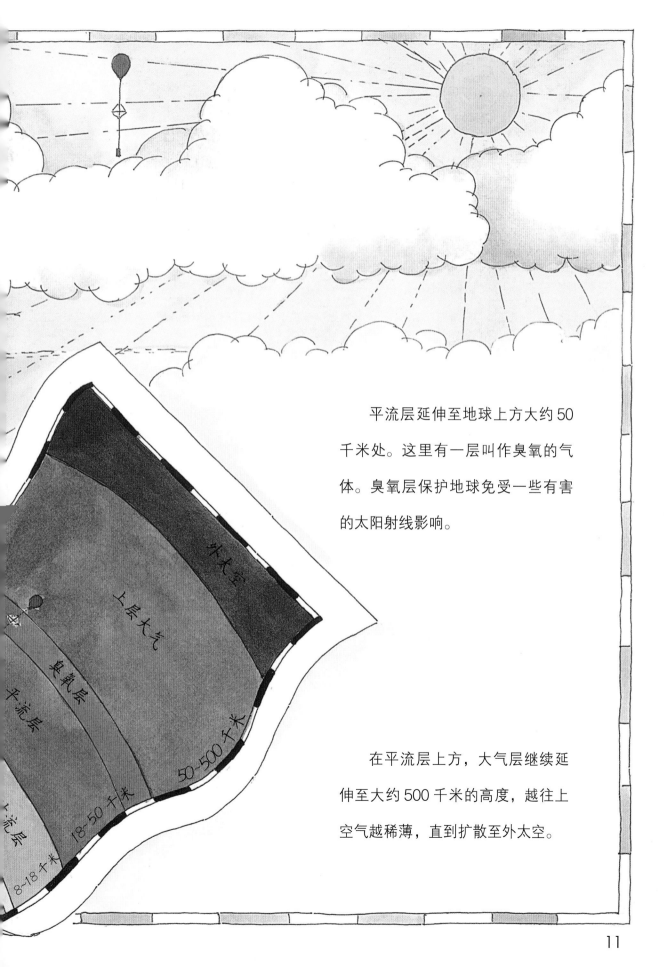

平流层延伸至地球上方大约50千米处。这里有一层叫作臭氧的气体。臭氧层保护地球免受一些有害的太阳射线影响。

在平流层上方，大气层继续延伸至大约500千米的高度，越往上空气越稀薄，直到扩散至外太空。

外太空

上层大气

臭氧层

平流层

对流层

50-500千米

18-50千米

8-18千米

云

野餐时间到了。哈里从保温瓶里倒出两杯热茶，杯子里升起了小团的水蒸气。拉夫正在找饼干，突然……

他们被一朵云包围。这朵云就像热茶里冒出的水蒸气。

我什么都看不见了。

那些小水滴在合伙对付我们呢！

雾和霭是地面上的"云"。

当水被加热时，一种被称作水蒸气的看不见的气体从水面升起。空气中含有大量水蒸气，当空气上升到一个温度较低的高度时，水蒸气会变回小水滴。那些水滴又小又轻，可以飘浮在空中。云就是由数百万滴微小水滴组成的。

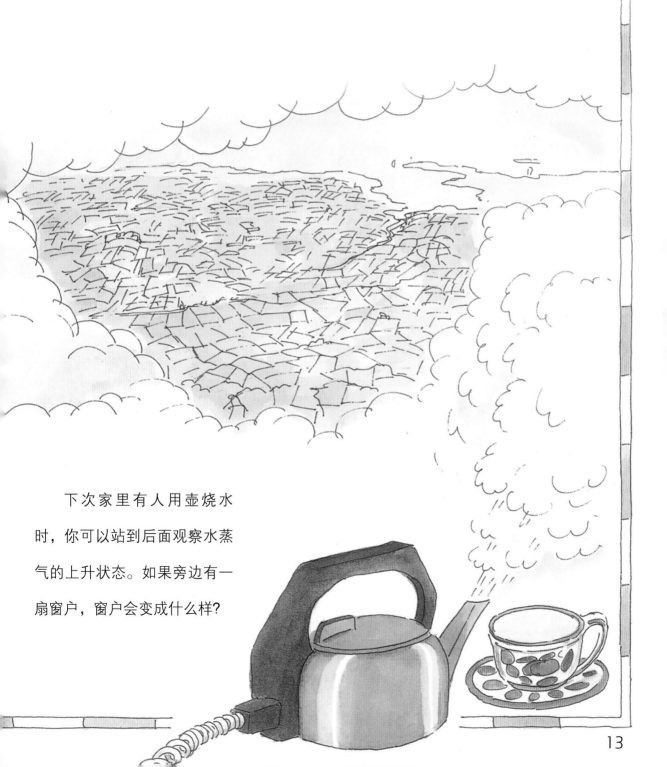

下次家里有人用壶烧水时，你可以站到后面观察水蒸气的上升状态。如果旁边有一扇窗户，窗户会变成什么样？

13

雨

拉夫开始觉得这次旅行是个大错误，他看到的下一朵云是雨云。

在云内部，微小的水滴四处移动，相互碰撞，结合成更大的水滴。当水滴变多变重后，它们就会以雨的形式落到地上。哈里穿上了他的防水外套。

我们没有办法逃离这个水循环。

哈里透过雨幕俯瞰地面。

他能看到一条河正流向海洋。

风

雨

水蒸气

　　河里的水流进海里。水蒸气从海面升到空中形成
云。雨从云中降落到地面上。雨水流进河里，之后河
水汇入海洋。这被称作水循环。

太　阳

　　谢天谢地！太阳出来了。事实上，太阳从未离开过。地球一直围绕着太阳转动。在白天，太阳可能被云层遮住。在夜晚，我们看不见太阳，因为我们所处的那部分地球背对太阳。由于地球自身一直在缓慢自转，从而造就了白天和夜晚。

太阳

地球围绕太阳转动

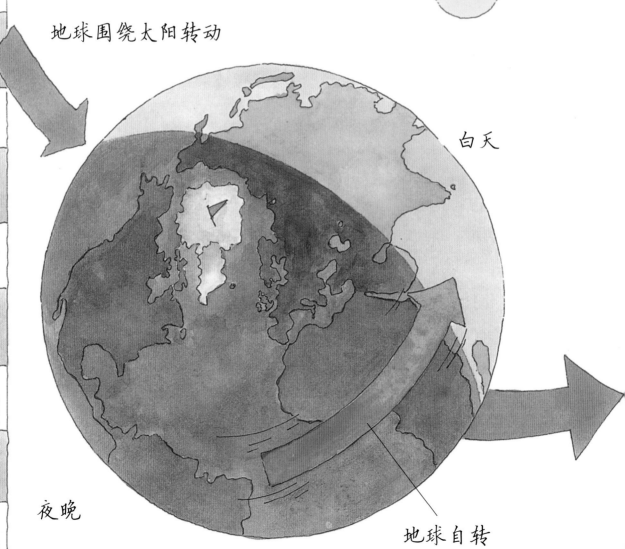

白天

夜晚

地球自转

太阳是一个由炽热气体组成的球体，给我们带来光、温暖和生命。它差不多比地球大一百倍，距离地球超过 1.5 亿千米。

太阳和雨共同作用形成彩虹。

太阳发出的白光被雨滴分解成七种颜色。

太阳发出的热量温暖大地。接着，温暖的地面加热了上方的空气。

海 风

热气球内的空气逐渐冷却，热气球慢慢下降。哈里和拉夫降落到了海边。

海边风很大。哈里知道风是流动的空气。他问弗雷德，海风是如何产生的。

弗雷德解释道，空气和水类似，可以从一个地方流动到另一个地方。空气很多的地区被称作高压带，空气较少的地区被称作低压带。在天气炎热的时候，地面上的热空气上升，形成低压带。接着高压带的空气，比如凉爽的海面上方的空气，吹过来填补了空位。这样就形成了海风。

在世界各地，高压带的空气吹到低压带形成了风。

雷　电

还记得那些雨云吗？风把它们吹向哈里和拉夫。

他们在弗雷德的船底下躲避暴风雨。

轰隆！闪电是大风暴云内部产生的巨大电火花。

你先看到闪电后听到雷声，是因为声音比光传播得慢。

闪电的火花释放的热量加热空气，空气膨胀，体积变大，发出巨响！那就是哈里和拉夫听到的雷声。

风　暴

拉夫捂住了耳朵，它不喜欢风暴。弗雷德说，幸亏他没有出海。

热带海洋上方的空气形成的强烈风暴被称为飓风。飓风时速超过200千米/小时，可以造成大规模破坏。

另一类风暴被称为龙卷风。龙卷风是一种小尺度而猛烈的气旋，几乎能席卷毁坏所到之处的所有事物。

龙卷风多发生在美国中西部各州。

比如《绿野仙踪》里多萝西住的堪萨斯州。

雪

拉夫最喜欢的天气是下雪天，可现在还不是下雪的时候。天气要非常冷，云里的水滴才能变成冰晶。冰晶聚集到一起形成雪花。

24

高山山顶和南北极终年被积雪覆盖。在其他地方，雪通常在春天融化。

你最喜欢哪种类型的天气？你最喜欢一年中的哪个季节？在你住的地方，

春夏秋冬的天气是怎么样的呢？

天气预报

哈里和拉夫看电视来了解未来的天气状况。天气预报员会收集世界各地气象站的信息。一些气象站在陆地上，一些在海上。气象气球携有特殊的气象仪器。气象卫星也在绕着地球转动。

气象站提供温度、降雨、风速和风向等详细信息，以及当地的气压情况。这些信息被录入电脑，随后在电脑的地图上显示出来。

利用这些地图，一个天气预报员可以推算出未来几天的天气情况。

气象站

哈里和拉夫在学校里有自己的气象站。他们会在每天上午和下午的固定时间记录下温度、降雨和风向。

为你的花园或学校做一个气象站,绘制一份可以每天填写的图表吧!

风向标是用一支铅笔和一些塑料卡片制成的。

阴凉处有一个温度计用来测量温度。

雨量计是由截成两半的塑料瓶和一把尺子制成的。

还有风是从西南方向吹来的。

今天气温是 20℃。

索　引